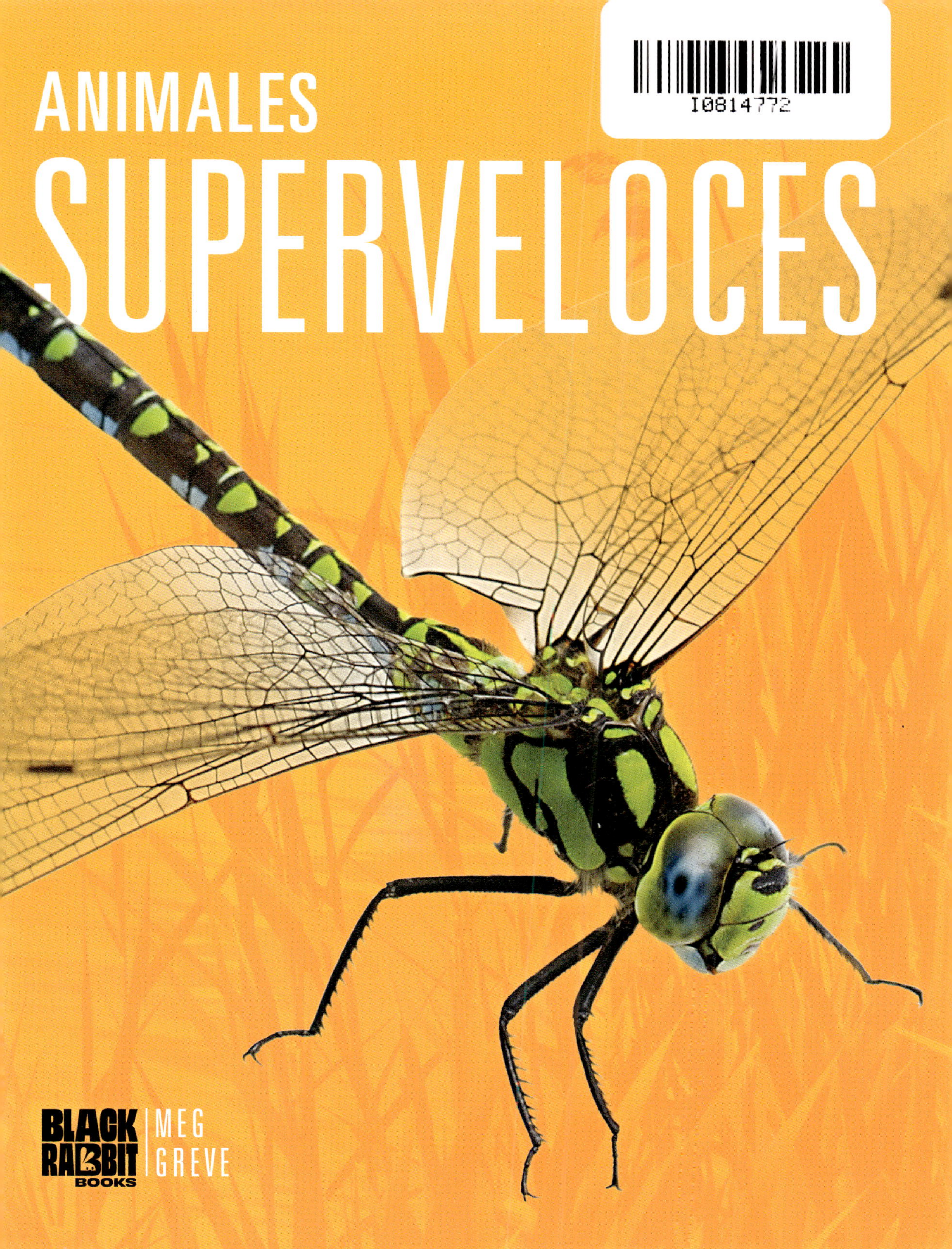
ANIMALES
SUPERVELOCES
BLACK RABBIT BOOKS
MEG GREVE

ÍNDICE

1

El guepardo

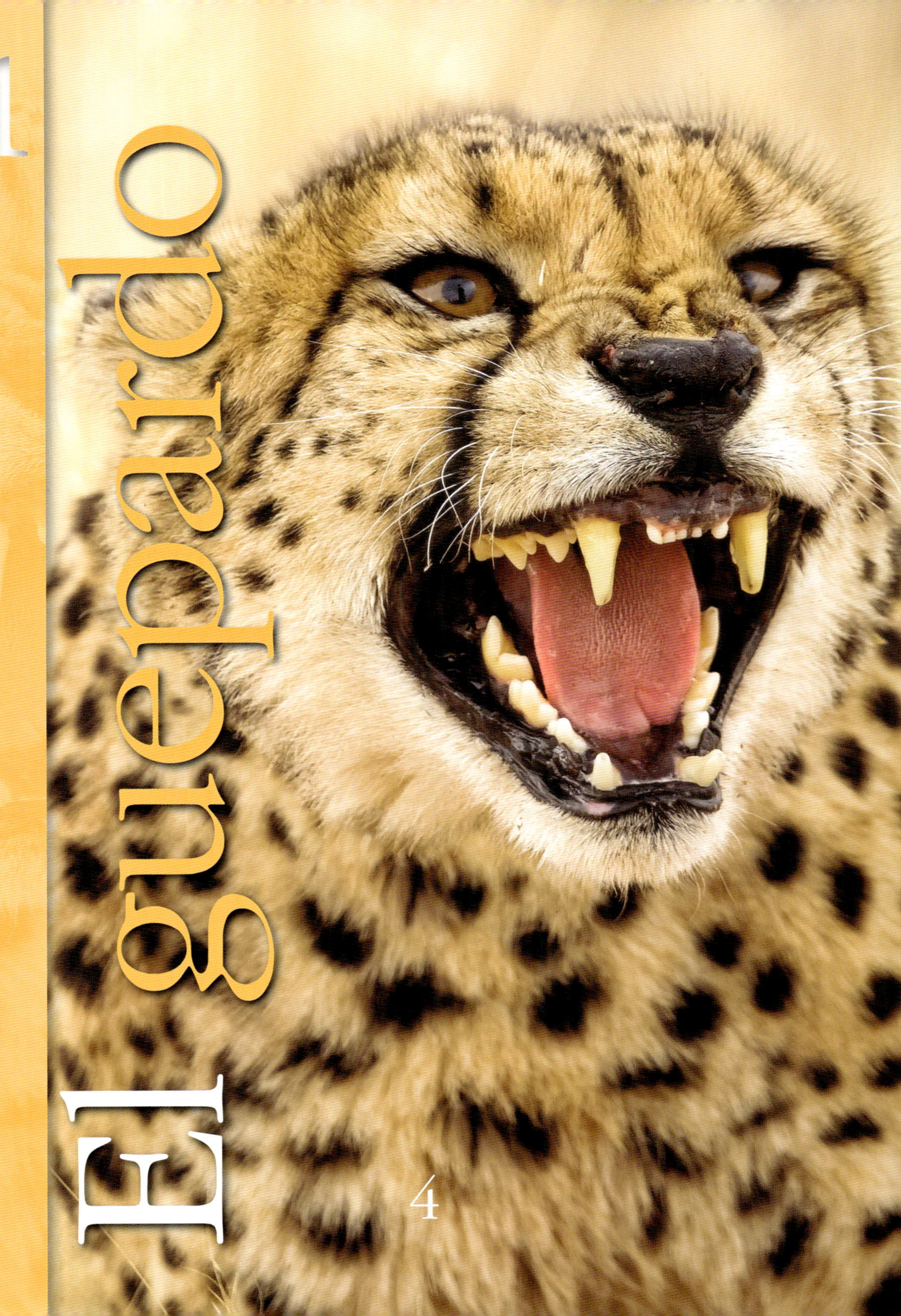

¿Cuál es el animal terrestre más rápido? ¡El guepardo! Puede alcanzar velocidades de hasta 75 millas (121 kilómetros) por hora. ¿Cómo lo hace?

El espinazo del guepardo se estira. Sus patas se extienden para cubrir más terreno. Sus garras se clavan en la tierra para no resbalar. Y su cola larga lo ayuda a mantener el equilibrio. El guepardo puede girar sin disminuir la velocidad.

Los guepardos comen conejos y antílopes. Estos animales también son rápidos. Para atraparlos, un guepardo primero se acerca sigilosamente. Luego los persigue. Estos felinos alcanzan velocidades máximas rápidamente. Pero solo pueden correr rápido durante aproximadamente un minuto.

Piensa en esto

Los guepardos están hechos para correr rápido. ¿Qué características crees que son las más importantes para correr rápido?

2

El antílope americano

¿Cuál es el segundo animal más rápido en la tierra? ¡El antílope americano! Puede correr hasta 60 millas (97 km) por hora. Es el animal terrestre más rápido de América del Norte.

Los antílopes americanos pueden correr más rápido que la mayoría de sus **depredadores**. Pueden ver un coyote o un lobo a lo lejos. Cuando lo hacen, se les eriza el pelo blanco de la espalda. El resto de la manada puede ver la advertencia. Entonces todos huyen.

¿Sabías que...?

¡Los antílopes americanos migran más de 300 millas (483 km) cada año!

3

El pez vela

De todos los peces del mar, el pez vela es el más rápido. Puede nadar hasta 68 millas (109 km) por hora. Una de las cosas que hace que el pez vela sea tan rápido es su capacidad de saltar. Salta fuera del agua mientras nada.

El pez vela también es uno de los peces de agua salada más grandes. Un pez vela grande puede medir hasta 11 pies (3,4 metros) de largo. Pesa hasta 220 libras (100 kilogramos). Su largo pico corta a los peces que nadan en un banco. Esto hace que sea más fácil para el pez vela atrapar y comer a los peces.

¿Sabías que...?

Los peces vela levantan su aleta trasera fuera del agua cuando atacan a un pez.

4

El halcón peregrino

El halcón peregrino puede volar a una velocidad de hasta 69 millas (111 km) por hora. Los halcones se alimentan de otras aves. Mientras cazan, los halcones se lanzan en picado sobre las aves a velocidades que alcanzan las 200 millas (322 km) por hora. ¡Eso es tan rápido como un coche de carreras!

Para alcanzar velocidades máximas, el halcón peregrino vuela muy alto en el cielo. Luego se lanza en picado. Los halcones peregrinos machos también se lucen ante las hembras volando alto.

¿Sabías que…?
Los halcones peregrinos pueden vivir hasta 17 años en estado salvaje.

La libélula

5

¡Zum! Algo pasa volando. ¡Es una libélula! Las libélulas son los insectos voladores más rápidos. Alcanzan hasta 34 millas (55 km) por hora.

Las libélulas son voladoras rápidas y fuertes. Tienen dos pares de alas. Las alas se mueven rápido. Los humanos no pueden verlas. Las libélulas pueden volar hacia delante y hacia atrás. Pueden cambiar de dirección en el aire. Pueden **flotar** en el aire durante un minuto.

Las libélulas utilizan su velocidad para cazar. Son uno de los principales depredadores del mundo de los insectos. Se comen casi cualquier insecto que puedan atrapar.

¿Sabías que…?
Una libélula puede comer cientos de mosquitos en un día.

El ácaro

6

Los ácaros son **arácnidos** diminutos. No son más grandes que una semilla de sésamo. Algunos son tan pequeños que se necesita un microscopio para verlos.

Los ácaros son rápidos. En comparación con su tamaño, cubren más terreno que cualquier otro animal. Si un ácaro tuviera tamaño humano, ¡podría correr a 1228 millas (1976 km) por hora! ¡Qué velocidad!

Los ácaros pueden detenerse y girar rápidamente. Incluso pueden correr sobre un suelo muy caliente. Su velocidad y tamaño dificultan su estudio. Los científicos aún están aprendiendo qué comen los ácaros.

Piensa en esto

¿Crees que el ácaro debería ser considerado el animal más rápido?

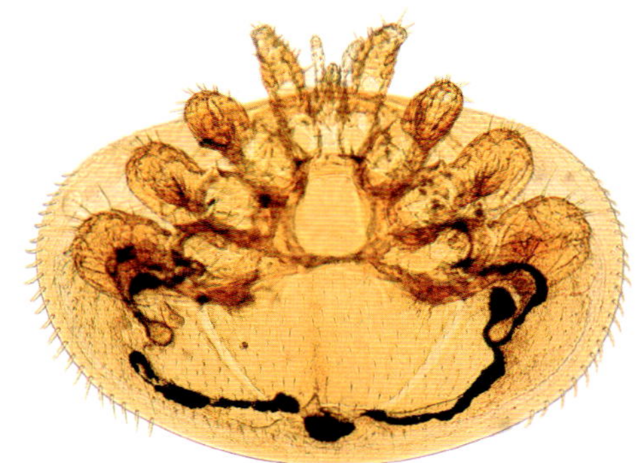

MÁS PARA EXPLORAR

¿EN QUÉ PARTE DEL MUNDO?

GUEPARDOS
África

LIBÉLULAS
En todo el mundo excepto la Antártida

ÁCAROS
En todo el mundo excepto la Antártida

HALCONES PEREGRINOS
En todo el mundo excepto la Antártida

ANTÍLOPES AMERICANOS
América del Norte

PEZ VELA
Zonas cálidas y templadas de todos los océanos

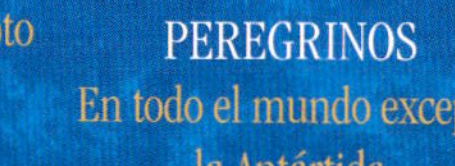

MÁS PARA EXPLORAR

DATOS FANTÁSTICOS

Los guepardos tienen alrededor de 2000 manchas.

A algunas personas les gusta cocinar y comer libélulas como refrigerio.

Los antílopes americanos tienen ojos grandes. Pueden detectar depredadores desde muy lejos.

A veces, los ácaros viven en la piel de un animal.

Los halcones peregrinos se alimentan principalmente de otras aves.

Los peces vela son inteligentes. A menudo se juntan para cazar peces.

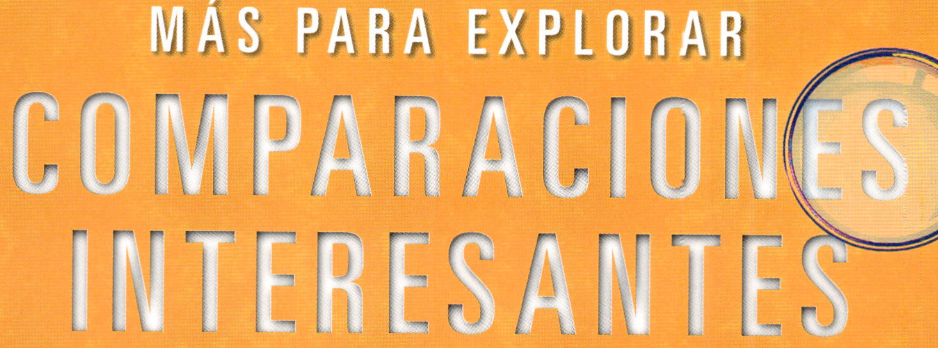

MÁS PARA EXPLORAR

COMPARACIONES INTERESANTES

¿Cuáles son las velocidades máximas de cada animal?

Libélulas
34 millas (55 km) por hora

Ácaros
0,7 millas (1,1 km) por hora

Halcones peregrinos
200 millas (322 km) por hora

Antílopes americanos
60 millas (97 km) por hora

Guepardos
75 millas (121 km) por hora

Pez vela
68 millas (109 km) por hora

MÁS PARA EXPLORAR

RECURSOS

Glosario

arácnido Una clase de animales que incluye arañas, escorpiones, ácaros y garrapatas.

banco Un grupo de peces.

depredador Un animal que come a otros animales.

espinazo Una columna vertebral.

flotar Permanecer en el aire sin moverse en ninguna dirección.

Índice alfabético

TOP RANK es publicado por Black Rabbit Books, P.O. Box 227, Mankato, MN, 56002. • Top Rank un sello de Black Rabbit Books • Editado de Alissa Thielges • Diseño de Danny Nanos • Fotografías © Alamy Stock Photo/Rodrigo Friscione, 12; Dreamstime/Maksim Gavrilenko, cover; Getty Images/FRANKHILDEBRAND, 13, 21, 23, olikim, 20; iStock/rpbirdman, 6–7; Shutterstock/Alexander Raths, 11, archivector, 23, Darkdiamond67, 17, Dennis W Donohue, 9, 21, Efimova Anna, 4, 21, Elana Erasmus, 5, evgo1977, 23, Harry Collins Photography, 2, 14–15, Irina Simkina, 23, Jim H Walling, 19, 21, Klimek Pavol, 18, Kozyreva Elena, 23, Moment of Perception, 8, Stock High angle view, 11, stockphoto mania, 10, 21, Svetlana Foote, 5, Viktorya170377, 23, vnlit, cover, yanikap, 16, 21 • Impreso en China

Library of Congress Cataloging-in-Publication Data: Names: Greve, Meg, author. | Title: Animales superveloces / by Meg Greve. | Description: Mankato, MN: Black Rabbit Books, [2025] | Series: Animales superincreíbles | Includes index. | Ages 8–11 | Grades 2–3 | Identifiers: LCCN 2024023508 | ISBN 9781644667507 (library binding) | ISBN 9781644667590 (paperback) | ISBN 9781644667675 (ebook) | Subjects: LCSH: Animal locomotion—Juvenile literature. | Speed—Juvenile literature. | Classification: LCC QP301 .G68418 2025 | DDC 612/.044—dc23/eng/20240613